T0153744

Roland Hornung

Nicht-lineare Optimierung

Logos Verlag Berlin

λογος

Bibliografische Information Der Deutschen Bibliothek

Die Deutsche Bibliothek verzeichnet diese Publikation in der Deutschen Nationalbibliografie; detaillierte bibliografische Daten sind im Internet über http://dnb.ddb.de abrufbar.

Umschlaggestaltung: Mona Hitzenauer

ISBN 978-3-8325-2623-8

Logos Verlag Berlin GmbH
Comeniushof, Gubener Str. 47,
10243 Berlin
Tel.: +49 (0)30 / 42 85 10 90
Fax: +49 (0)30 / 42 85 10 92
http://www.logos-verlag.de

„Für meine Eltern und meine drei Töchter“

VORWORT

„Nichtlineare Optimierung" ist ein wichtiges Gebiet in der Angewandten Mathematik mit zahlreichen Anwendungen in der Technik (zum Beispiel Raumfahrt und Luftfahrt oder Nachrichtentechnik) und in der Wirtschaft. Das vorliegende Buch gibt einen ersten Einblick, vor allem in die nichtlineare Optimierung ohne Nebenbedingung. Ein Schwerpunkt liegt hier bei der nicht-differenzierbaren konvexen Optimierung, speziell am Beispiel des sogenannten „diskreten Minimax-Problemes".

Mein ganz besonderer Dank gilt Frau Dipl. Math. Mona Hitzenauer. Das Buch basiert auf einer Vorlesungs-Mitschrift vom Wintersemester 2009/ 2010, als die Vorlesung „Nichtlineare Optimierung" von mir im Studiengang Mathematik der Hochschule Regensburg gelesen wurde. Frau Hitzenauer hat dieses Skript nicht nur digitalisiert. Sie hat es auch sorgfältig durchgelesen und korrigiert. Zusätzlich hat sie es auch ergänzt und einige der Beispielaufgaben gelöst und deren Lösungsweg aufgezeichnet. Schließlich hat sie es auch selbständig ergänzt und erweitert.

Ich wünsche allen Lesern viel Freude an diesem Buch und viel Spaß und Erkenntnis-gewinn beim Einstieg in die „Nichtlineare Optimierung" !

Regensburg im Juli 2010
Roland Hornung

Inhaltsverzeichnis

Kapitel A)

EINLEITUNG

1 ÜBERSICHT

Der Begriff Optimierung oder „optimieren“ ist kein geschützter Begriff. Was heißt also „optimierien“ bzw. „optimal“ und „Optimum“? Diese Begriffe müssen zunächst definiert werden. In diesem Fall meint man damit die

Verallgemeinerte Extremwertaufgaben im $\mathbb{R}^n$

* „infinite“ Optimierung $x(t)$ als Funktion
* „finite“ Optimierung $\mathbf{x} \in \mathbb{R}^n$ endlich viele Variablen
    + diskrete Optimierung (Graphentheorie, ganzzahlige LO, ganzzahlige NOP,...
    + stetige Optimierung (min/max $f(x), x \in D \subseteq \mathbb{R}^n$)
        ° lineare Optimierung LO
        ° nicht-lineare Optimierung NOP
            a ohne Nebenbedingung, $D = \mathbb{R}^n$ (unconstrained optim.)
            b mit Nebenbedingung, $D \subset \mathbb{R}^n$ (constrained optim.)

2 MOTIVIERENDE BEISPIELE

1. Beispiel: Aus einem 36cm langen Draht soll das Kantenmodell einer quadratischen Säule hergestellt werden. Wie lange sind diese Kanten zu wählen, damit die Säule maximales Volumen hat?

2. Beispiel: Eine 400m lange Laufbahn besteht aus zwei parallelen Strecken l und zwei angrenzenden und angesetzten Halbkreisbögen r. Wie groß müssen l und r gewählt werden, damit die Rechtecksfläche (ohne die beiden Halbkreisbögen) maximal wird?

3. Beispiel: Die Zahl 60 ist so zu zerlegen, dass das Produkt dieser Summanden möglichst groß wird.

4. Beispiel: Aus einem quadratischen Belchstück mit der Seitenlänge a=40cm sind die Ecken so einzuschneiden, dass eine offene Schachtel entsteht. Wie tief muss die Seite des Quadrates eingeschnitten werden, wenn die Schachtel ein möglichst großes Volumen haben soll?

   Umgedacht: Aus einem Rechteck mit den Seiten x und y und der Höhe z ensteht einen Schachtel mit gegebenen Volumen V=c. Wie ist x, y, z zu wählen, dass der Materialverbrauch minimiert wird?

5. Beispiel: Gegeben ist $f(x) = -x^2 + 4$. Der Graph schließt mit der x-Achse eine Fläche ein. Beschreibe dieser Fläche ein rechtwinkliges Dreieck so ein, dass eine Ecke im Koordinatenursprung liegt, die andere Ecke auf dem oberen Parabelbogen liegt. Bei Drehung um die y-Achse soll ein Kegel mit möglichst großem Volumen entstehen.

6. Beispiel: Welcher der offenen Zylinder hat bei vorgegebener Oberfläche A ein möglichst großes Volumen?

   Umgedacht: Zylinder-Volumen V ist gegeben. Gesucht: Minimiere Materialverbrauch.

7. Beispiel: Welche quadratische Säule mit der Oberfläche $16cm^2$ hat den größten Rauminhalt?

8. Beispiel: Die Höhe eines Kegels beträgt H=16cm, der Durchmesser D=8cm. Wie müssen der Radius r und die Höhe h eines einbeschriebenen Zylinders gewählt werden, damit dessen Volumen maximal wird?

9. Beispiel: Ein Blech der Breite b und beliebiger Länge wird an beiden Enden um die Länge x und dem Winkel α nach oben gebogen. Wie müssen x und α gewählt werden, damit die entstehende Querschnittsfläche maximal wird?

10. Beispiel: Ein Silo soll die Form eines Zylinders mit aufgesetzter Halbkugel erhalten. Das Fassungsvermögen des zylinderförmigen Teils ist als $V_z = 55m^3$ festgelegt. Die gesamte Innenfläche des Silos soll mit Aluminiumblech ausgekleidet werden. (Verbesserung der Nutzungseigenschaft) Bestimme den Radius der Grundfläche des Zylinders so, dass möglichst wenig Alu-Blech verbraucht wird.

11. Beispiel: Es ist das Volumen des größten Quaders mit achsenparallelen Kanten innerhalb des Ellipsoids $\frac{x}{a}^2 + \frac{y}{b}^2 + \frac{z}{c}^2 = 1$ zu bestimmen.

12. Beispiel: Ein Hersteller von Schmuck bezieht 5mm hohe Aluminiumkegel mit Grundflächenradius 2mm. Er möchte sie zu Schmuckanhängern verarbeiten, indem er sie in Acrylkegel einbettet, so dass die Spitze der Aluminiumkegel auf dem Mittelpunkt des Acrylkegelgrundradius ruht. Wie sind die Maße des Acrylkegels zu wählen, damit der Materialverbrauch möglichst gering wird?

13. Beispiel: In der Mühle (M) brennt es. Die Feuerwehr fährt von (H) querfeldein zum Bach (B) um Löschwasser zu fassen, um dann zur Mühle zu fahren. An welchem Punkt B muss sie den Bach treffen, um auf möglichst kurzem Weg bei der Mühle einzutreffen?

14. Beispiel: Welches unter allen Rechtecken mit gegebener Diagonallänge hat die größte Fläche (oder den größten Umfang)?

15. Beispiel: Welches unter allen gleichschenkligen Dreiecken, die man einem Kreis mit gegebenen Radius r einschreiben kann, hat maximale Fläche?

16. Beispiel: Welcher Rechteckstamm den man aus einem Zylinder-Baum schneidet, hat die größte Fläche?

17. Beispiel: Eine U-Bahn soll von A nach B (bei beschränkter Beschleunigung und Bremskraft) in minimaler Zeit fahren. („optimal control" Problem)

18. Beispiel: Schiefer Wurf im luftleeren Raum: Wurfweite $w = \frac{2v_0^2}{g} \cdot \sin x \cdot \cos x$ mit v_0 Anfangsgeschwindigkeit, g Erdbeschleunigung und x Winkel in Bogenmaß (Abschusswinkel). Für welchen Abschusswinkel x erzielt man die größte Wurfweite?

19. Beispiel: Die elektrische Stromstärke in einem Wechselstromkreis ist $I(t) = 3\sin 2\omega t - \frac{\pi}{3} + 2\cos 2\omega t - \frac{\pi}{4}$ mit $\omega = 50\pi[\frac{1}{s}]$. Zu welchem Zeitpunkt t ist sie am größten?

20. Beispiel: Aus einem Baumstamm mit kreisförmiger Querschnittsfläche (Durchmesser d, beliebige Länge l) soll ein Balken mit maximaler Tragfähigkeit herausgeschnitten werden. (proportional zu $b \cdot h^2$).

21. Beispiel: An eine Stromquelle mit dem Innenwiderstand R_i wird ein Verbraucher mit dem Widerstand R angeschlossen. P sei die im Verbraucher umgesetzte Leistung. Für welche Wahl von R ist P maximal?

22. Beispiel: Rindfleisch enthält 6 Prozent Fett und 20 Prozent Eiweiß. Haselnüsse enthalten 30 Prozent Fett und 10 Prozent Eiweiß. Mindestbedarf eines Menschen / Tag sind 60g Fett und 80g Eiweiß. Rindfleisch kostet 1kg / 11,99 DM und Haselnüsse pro 1kg / 9,99 DM. Für

welchen kleinsten Geldbetrag kann die tägliche Mindestbedarfmenge beschafft werden? (LOP)

23. Beispiel: Welche quadratische Pyramide mit Seitenkante s hat das größte Volumen?

24. Beispiel: *a*) Einem Halbkreis mit dem Radius r ist das Trapez mit dem größten Umfang einzuschreiben. Zeige: dieser Umfang ist 5r.

    b) Dem Halbkreis (r=4cm) soll das Trapez mit größtem Flächeninhalt eingeschrieben werden.

25. Beispiel: Berechne den Zentriwinkel jenes Kreissektors, der bei gegebener Kreissektorfläche minimalen Umfang hat.

26. Beispiel: Bestimme die größte Länge l einer Platte, die von einem Flur der Breite a in den rechtwinkligen Flur der Breit b gebracht werden kann.

27. Beispiel: Wechselstromtransformation. Das Innere einer Spule von O-förmigem Querschnitt ist möglichst gut durch einen kreuzförmigen Eisenkern auszufüllen (r=8cm).

28. Beispiel: (aus „Fernmelde-Ingenieur") „Lineare Regression mit Ebenen als Ausgleich": Quadratische Optimierung ohne Nebenbedingung.

29. Beispiel: Digitale Netze (ARPA, Datex-P, Internet, UMTS) (siehe Artikel von Prof. Dr. Hornung im OR-Spektrum)

30. Beispiel: „Optimales Design einer Array-Antenne": Die „Seitenkeulen" einer linearen 15-elementigen Array-Antenne sind zu minmieren. Die sechs Antennen-Elemente der einen Hälfte (Rest ist symmetrisch) sind derart anzuordnen, dass innerhalb des Intervalls [0;3.5] also $x_7 = 3.5$, dass der Abstand s zwischen zwei benachbarten Elementen nicht überschritten wird. Jede Funktion $f_i(x_1, \cdots x_7)$, $i = 1, 2, \cdots 163$ setzt sich (für jeweils festen Winkel) $\theta_i \in [\frac{\pi}{20}; \frac{\pi}{2}]$ aus

der Summe der Strahlungsbeträge (die von den $x_1, \cdots x_7$ abhängen) zusammen. Die Optimierung liefert als Ergebnis die Elementpositionen für welche die Seitenkeulen minimiert werden (und somit die Hauptkeule=Strahlungsleistung) maximiert wird.

Lösung zu Beispiel 20:

$$Diagonale = 2R$$
$$Festigkeit\ bh^2$$
$$h^2 + b^2 = 4R^2$$
$$h^2 = 4R^2 - b^2$$
$$f(b) = b(4R^2 - b^2) = 4R^2 b - b^3$$
$$f'(b) = 4R^2 - 3b^2 = 0 \rightarrow b = \frac{2}{\sqrt{3}}R$$
$$h = \sqrt{2} - 1$$
$$f''(b) = -6b < 0 \rightarrow Max$$

Lösung zu Beispiel 25:

$$Flaeche: \frac{r^2 x}{r^2 \pi} = c = \frac{x}{\pi}$$
$$r^2 x = c \Rightarrow r^2 = \frac{c}{x}$$
$$Umfang: 2r + 2rx \rightarrow min(2r(1+x))$$
$$2r(1+x) + \lambda(r^2 x - c) \rightarrow 2r + \lambda r^2 = 0 \rightarrow \lambda = \frac{-2}{r}$$
$$f(x) = 2\sqrt{\frac{c}{x}} \cdot (1+x) \rightarrow min$$
$$f'(x) = \frac{-\sqrt{c}}{x}(1+x) + 2 = 0$$
$$1 + x = \frac{2x}{\sqrt{c}}$$
$$x(1 - \frac{2}{\sqrt{c}}) + 1 = 0$$
$$x = \frac{-1}{1 - \frac{2}{\sqrt{c}}}$$

Lösung zu Beispiel 27:

$$\frac{a}{2}+b=r=8$$

$$min.Rest\,flaeche: r^2\pi-(a^2+4ab)\to min$$

$$\Rightarrow 64\pi-(a^2+4a(8-\frac{a}{2}))\to min$$

$$\Rightarrow 64\pi-a^2-32a+2a^2\to min$$

$$a^2-32a+64\pi\to min$$

$$2a-32=0$$

$$a=16,\quad b=0$$

$$4ab+a^2\to max$$

$$r^2\pm\frac{a^2}{4}+(\frac{a^2}{2}+b)^2=\frac{a^2}{4}+\frac{a^2}{2}+ab+b$$

$$\frac{a^2}{2}+ab+b^2=b$$

$$a^2+4ab\to max$$

$$\frac{\frac{a}{2}}{\frac{a}{2}+b}=\frac{x}{\frac{a}{2}}$$

Kapitel B)

HAUPTTEIL

1 ALLGEMEINES

1.1 WICHTIGE FRAGEN

Zu den wichtigen Fragen gehören:

I) Fragen

   a) Was heißt „optimal" (Extremal, gegebene Funktionen,...)?
   b) Gibt es „Optimallösungen"?
   c) Sind diese eindeutig?
   d) Gibt es (nachweislich) Kriterien für diese Optimal-Lösungen? Notwendig? Hinreichend? Sinnvoll anwendbar?
   e) Zu welchem Gebiet der Optimierung gehört das jeweilige Problem?

II) Vorgehensweise in der Optimierung (OR)
Realität→Systemanalyse + Modellbildung→Algorithmen→ Lösungsmöglichkeiten→Numerische Lösung→ Transformation→Realität

1.2 WIEDERHOLUNG MATH. BEGRIFFE

Funktionen $f : x \in \mathbb{R}^n \to f(x) \in \mathbb{R}$ $x \in \mathbb{R}^n, x = (x_1, x_2, \cdots, x_n)$ Falls n=2 : $f(x_1, x_2)$ dann oft als $f(x, y)$ bezeichnet.

Partielle Ableitungen: $\frac{\partial f}{\partial x_1}, \cdots, \frac{\partial f}{\partial x_n}, f_x, f_y, \cdots$

Gradient: $\nabla f = \begin{pmatrix} \frac{\partial f}{\partial x_1} \\ \vdots \\ \frac{\partial f}{\partial x_n} \end{pmatrix}$

Hessematrix: $H = D^2 f(x) = (\frac{\partial f}{\partial x_j \partial x_i}) j, j = 1, \cdots, n$

$H = \begin{pmatrix} f_{xx} & f_{xy} \\ f_{yx} & f_{yy} \end{pmatrix}$ mit $f_{xy} = f_{yx}$ i.a. und $det(H) = det(D^2 f) = f_{xx} \cdot f_{yy} - f_{xy} \cdot f_{yx}$

Richtungsableitung:

$$f'_{\vec{s}}(\vec{x}) := \frac{\nabla f(\vec{x}) \cdot \vec{s}}{||\vec{s}||}$$

Es gilt für n=2:

$$f'_{\vec{s}}(x, y) := \frac{\nabla f(x, y) \cdot \vec{s}}{||\vec{s}||} \leq ||\nabla f(x, y)|| \cdot \frac{||\vec{s}||}{||\vec{s}||}$$

und damit:

$$-||\nabla f(x, y)|| \leq f'_{\vec{s}}(x, y) \leq ||\nabla f(x, y)||$$

„=“ gilt nur falls $\vec{s} = \nabla f(x, y)$ bzw $\vec{s} = -\nabla f(x, y)$. „Steilster Abstieg / Anstieg“.

Höhenlinie:

$$c \in \mathbb{R} : N(c) = \{x \in D \subseteq \mathbb{R}^n / f(x) = c\}$$

Schnitt in der z=f(x,y) Achse parallel zur x-y-Ebene. N(c): Es muss auch nicht immer „kompakt“ sein, z.B. wenn kein Minimum existiert.

Matrizen:

$$Eigenwerte: \quad det(\lambda E - A) = 0, \quad A\vec{x} = \lambda\vec{x}, \quad \vec{x} \neq \vec{0}$$

$$Diagonaldominant: \quad \sum_{j=1, j\neq i}^{n} |a_{ij}| < |a_{ii}|$$

$$positiv \quad definit: \quad \vec{x}^T A\vec{x} > 0, \quad \vec{x} \neq 0$$

Im Folgenden wird immer vorrausgesetzt, dass f hinreichend oft differenzierbar ist (und alle anderen auftretenden Funktionen auch).

1.3 WICHTIGE DEFINITIONEN

α) $\overline{x}$ globales Optimum (Minimum, Maximum): $\forall x \in D \subseteq \mathbb{R}^n$ soll gelten: $f(\overline{x}) \leq f(x)$ Es gibt dafür keine leicht nachprüfbaren Kriterien!

β) lokales Minimum : $\exists U(\overline{x}), x \in U(\overline{x})$, so dass $\forall x \in U(\overline{x}) : f(\overline{x}) \leq f(x)$. Lokale Kriterien erforderlich:

Eigenschaften von positiv definiten Matrizen H: $\forall x \in \mathbb{R}^n, x \neq 0 : x^T H x > 0$
Eigenschaften:

a) alle Diagonalelemente sind größer Null

b) alle Eigenwerte sind größer Null

c) H ist diagonaldominant, folgt aus b und Gerschgorin-Kreisen

Im Falle n=2 gilt: H positiv definit $\Leftrightarrow$ det(H)>0 und $f_x x$>0.

Idee eines Algorithmus für z.B. Minimum (Maximum analog): Starte in x_0 und erzeuge eine Folge $x_1, \cdots, x_k$, alle $x_k \in \mathbb{R}^n$. Unterschiedliche Begrifflichkeiten von Konvergenz dieser Folge x_k:

α) Lokale Konvergenz (Doppelbedeutung) $x_k \to \overline{x}$ für $k \to \infty$, $\overline{x}$ ist lokaler Extremwert. Oder $x_k \to \widehat{x}$ wobei $\widehat{x}$ lokaler oder globaler Extremwert sein kann.

Der Startwert x_0 muss nahe bei x^* liegen!

β) Globale Konvergenz (Doppelbedeutung) $x_k \to x^*$ für $k \to \infty$, x^* ist globaler Extremwert, oder $x_k \to \widehat{x}$ wobei $\widehat{x}$ lokaler oder globaler Extremwert sein kann.

Der Startwert x_0 ist beliebig!

Konvergenzbegriffe

Bei lokaler Konvergenz meinen wir meist Konvergenzrate, (oder Konvergenzgeschwindigkeit, siehe numerische Mathematik) insofern werden wir dann deutlicher von Konvergenzrate sprechen.

Definition 1.1 (Konvergenzen) *Eine Folge $x_k \to \bar{x}$ für $k \to \infty$ heißt*

i) Linear konvergent, falls $||x_{k+1} - \bar{x}|| \leq q||x_k - \bar{x}||, 0 < q < 1$

ii) Super-linear konvergent, falls $||x_{k+1} - \bar{x}|| \leq a_k||x_k - \bar{x}||$ und $a_k \to 0$ für $k \to \infty$

iii) Quadratisch konvergent, falls $||x_{k+1} - \bar{x}|| \leq \beta||x_k - \bar{x}||^2$ für $\beta > 0$

2 OPTIMIERUNG OHNE NEBENBEDINGUNG (UNCONSTRAINED OPTIMIZATION)

$\underset{x \in D \subseteq \mathbb{R}^n}{min f(x)}$ (oder max), hier ist $D = \mathbb{R}^n$, $f : \mathbb{R}^n \rightarrow \mathbb{R}$ hinreichend oft stetig differenzierbar.

Klassische Lösung aus der Analysis
Im Falle $\mathbb{R}^n$, n>2: Notwendige Bedingung: $\nabla f(x) = 0 \Rightarrow x_0$ Hinreichende Bedingung: $D^2 f(x_0) = H$ positiv definit, im Minimumfalle.

Für n=2: $f_x = 0$ und $f_y = 0 \Rightarrow (x_0, y_0) \in \mathbb{R}^2$ und für $D^2 f(x_0, y_0)$ gilt:

$det(D^2 f) = 0 \Rightarrow$	$unentscheidbar$		
$det(D^2 f) > 0 \Rightarrow$	$Extremum \Rightarrow$	$f_x x(x_0, y_0) > 0 \Rightarrow$	$Minimum$
		$f_x x(x_0, y_0) < 0 \Rightarrow$	$Maximum$
$det(D^2 f) < 0 \Rightarrow$	$Sattelpunkt$		

Algorithmen für unbeschränkte Optimierungsprobleme
Grundlegende Ideen: Es existiere dabei mindestens ein lokales Minimum / Maximum $\widehat{x}$ dann kann ein Iterationsverfahren folgender Art durchgeführt werden:

0. $x_0 \in \mathbb{R}^n$ geeigneter Startwert, gegeben.
1. $x_k \in \mathbb{R}^n, k \in \mathbb{N}$ gegeben.
2. $x_{k+1} = x_k + t_k \cdot s_k$ mit $t_k > 0, s_k \in \mathbb{R}^n$ wobei s_k die „Suchrichtung" darstellt.

   Falls $||\nabla f(x_{k+1})|| < \varepsilon, \varepsilon > 0$ „kleine Abbruchschranke", dann ist x_{k+1} Näherungslösung, andernfalls gehe zu Schritt 1.

Bemerkungen:

a) „Große“ Verfahrensdichte, Details liegen in der unterschiedlichen „Realisierung“.
b) Numerische Mathematik spielt natürlich stets auch eine sehr wichtige Rolle.
c) $t_k \in \mathbb{R}, t_k > 0$ kann Ergebnis einer groben eindimensionalen Minimierung sein, muss aber nicht. Es kann auch $t_k = 1$ für alle $k > \overline{k}$ ($\overline{k}$ gegeben) sein, oder t_k eine vorgegebene Nullfolge. Eindimensionale Minimierung numerisch:
   α) Golden section
   β) Bisektionsverfahren
   γ) Interpolation mit passender Parabel p(x) und dann dort exakte Minimierung.
d) $s_k \in \mathbb{R}^n$ sind „Suchrichtungen“ in Richtung einer Lösung des Problems, z.B. „Abstiegsrichtung“ oder „Newtonrichtung“.

ABSTIEGSRICHTUNGEN

$s_k^T \nabla f(x_k) < 0$ (z.B. negativer Gradient $s_k = -\nabla f(x_k)$ oder konjugierter Gradient, „konjugierte Richtungen, usw) Relativ leicht sicherstellen kann man $f(x_k + t_k \cdot s_k) < f(x_k) \Rightarrow \forall k, f(x_{k+1}) < f(x_k)$ also streng monoton fallende Folge $\{f(x_k)\}_{k \in \mathbb{N}}$ andererseits $f(x_k) > f(\widehat{x}) \Rightarrow$ streng monoton fallend und nach unten beschränkt, dann konvergiert die Folge gegen $f^* = f(x^*)$.

Allerdings muss nicht gelten, dass $x^* = \widehat{x}$ ist. Also es gilt

$$\lim_{k \to \infty} f(x_k) = f(x^*) \quad stetig \Rightarrow$$

$$\lim_{k \to \infty} x_k = x^*$$

Allerdings, falls sichergestellt werden kann, dass gilt
$f(x_{k+1}) < f(x_k) - \gamma t_k ||\nabla f(x_k)||^2 \Rightarrow x^* = \widehat{x}$

Beispiele für Abstiegsrichtungen s_k:

- $s_k = -\nabla f(x_k) = g_k$
- s_k: konjugierte Gradienten, „orthogonale Richtungen“ (z.B. Fletcher/Reeves).
- s_k: konjugierte Richtungen, „Q-orthogonale Richtungen“.

Im nicht differnzierbaren Fall, f(x) konvex mit $\nabla f(x)$: Subdifferential, Subgradient g, ∂f Spezialfall:

α $\max_{1 \leq j \leq m} f_j(x)$: l_∞-Norm

β $\sum_{j=1}^{m} ||f_j(x)||$: l_1-Norm

Steilster Abstieg in $\partial f(x)$

Newton-Richtungen
Es soll gelten: $0 = \nabla f(x_{k+1}) = \nabla f(x_k) + D^2 f(x_k) \cdot (x_{k+1} - x_k)$ wobei $s_k = (x_{k+1} - x_k)$ ist. Es folgt daraus: $s_k = -D^2 f(x_k)^{-1} \cdot \nabla f(x_k)$
Numerik: leider Gleichungssystem lösen...konvergent (lokal quadratisch) aber aufwändig!

Beachte: Falls $D^2 f(x_k)$ positiv definit ist, und somit auch $D^2 f(x_k)^{-1}$, dann ist $s_k = -D^2 f(x_k)^{-1} \nabla f(x_k) = -H_k^{-1}$ auch Abstiegsrichtung, denn $g_k^T s_k = -g_k H_k^{-1} g_k$ wegen positiver Definitheit von H_k^{-1}.
Beachte: Der numerische Aufwand ist gigantisch groß! n^2 Auswertung für jedes H_k.

Verfahren des steilsten Abstiegs
Auch Gradienten-Abstiegs-Verfahren. Im allgemeinen Algorithmusschema setze man
$s_k = -\nabla f(x_k) = -g_k$
Dieses Verfahren konvergiert sehr langsam, aber mit globalem Konvergenzbereich.

Satz 2.1 *Es sei $f \in C^1, C(x_0) = \{x \in \mathbb{R}^n / f(x) \leq f(x_0)\}$ beschränkt. Dann bricht das Gradientenverfahren entweder in einem Punkt x_k mit $s_k = -\nabla f(x_k) = 0$ oder $||\nabla f(x_k)|| < \varepsilon$ ab, oder es erzeugt eine Folge mit Häufungspunkten, wobei für jeden diser Häufungspunkten gilt: $\nabla f(hp) = 0$.*

Die Konvergenzgeschwindigkeit des „steilsten Abstiegs" ist linear mit dem Faktor
$\beta \leq \frac{\mu_n - \mu_1}{\mu_n + \mu_1}^2$ wobei $\mu_1 > 0$ der kleinste, $\mu_n >> \mu_1$ der größte Eigenwert von $H(\bar{x})$ ist und $\bar{x}$ lokales Minimum ist. Warum sind dann alle Eigenwerte größer Null?

Satz 2.2 (Steilster Abstieg) *Es sei $f : \mathbb{R}^n \to \mathbb{R}$ gleichmäßig konvex, das heißt, es gilt:*
$\forall y, f(y) \geq f(x) + \nabla f(x)^T (y - x) + \gamma ||y - x||$
und f differenzierbar und ∇f erfülle die Lipschitzbedingung:
$||\nabla f(x) - \nabla f(y)|| \leq L||x - y||, L \geq 0$
Dann konvergiert das Gradientenverfahren für beliebige Startwerte $x_0 \in \mathbb{R}^n$ gegen das (hier eindeutige und globale) Minimum x^* und es gilt:
$f(x_{k+1}) - f(x^*) \leq (1 - (\frac{\gamma}{L})^2)(f(x_k) - f(x^*))$
(lineare Konvergenzrate)

Konjugiertes Gradientenverfahren
Auch konjugierte Richtungen. Weil „steilster Abstieg" oft nur „eindimensional" ist, verwendet man besser eine Methode, bei der die Suchrichtungen ganz $\mathbb{R}^n$ aufspannen. Damit vermeidet man z.B. den Zick-zack-Effekt! Idee: n paarweise orthogonale Richtungen.

Beispiel (Orthogonalisierungsverfahren von E. Schmidt):
$a_1, \cdots, a_n$ gegeben.
Setze $v_1 = a_1$
setze $v_2 = a_2 + \alpha v_1$
Es soll gelten: $v_1^T v_2 = 0$
$\Rightarrow 0 = a_2^T v_1 + \alpha v_1^T v_1 \Rightarrow \alpha = \frac{-a_2^T v_1}{v_1^T v_1}$
$\Rightarrow v_2 = a_2 - \frac{a_2^T v_1}{v_1^T v_1} \cdot v_1$ usw...

Fletcher-Reeves
Allgemeines Algorithmusschema für Minimierung:

1. x_0 gegeben, $s_0 = -\nabla f(x_0) = -g_0$

2. x_k gegeben, s_k gegeben
   $f(x_{k+1}) \approx minf(x_k + \alpha s_k) \Rightarrow x_{k+1} = x_k + \alpha_k \cdot s_k$ für $\alpha > 0$
   Falls $||g_{k+1}|| \approx 0$ Stopp!
   $\beta_{k+1} = \frac{g_{k+1}^T \cdot g_{k+1}}{g_k^T g_k} \Rightarrow s_{k+1} = -g_{k+1} + \beta_{k+1} s_k$
   weiter zu Schritt 2.

Bemerkung: Variante von Pollak-Ribiere:
$\beta_{k+1}^{PR} = \frac{g_{k+1}^T (g_{k+1} - g_k)}{g_k^T g_k}$
und $s_{k+1} = -g_{k+1} + \beta_{k+1} s_k$

Für den Spezialfall $f(x) = \frac{1}{2} x^T A x - x^T b + c$ das heißt, A symmetrisch und positiv definit, erhält man bei exakter eindimensionaler Minimierung (hier sehr einfach möglich) aus Fletcher/Reeves das cg-Verfahren von Hestenes/Stiefel.

Konvergenzaussagen zu Fletcher/Reeves

Satz 2.3 *Das Verfahren von Fletcher/Reeves werde mit eindimensionaler Minimierung durchgeführt und so a_k erhalten, wobei die sogenannte WOLFE-Bedingungen (W1) und (W2) mit $0 < c_1 < c_2 < \frac{1}{2}$ für s_k gelten*
$\Rightarrow \lim_{k\to\infty} ||\nabla f(x_k)|| = 0$
(W1) $f(x_k + \alpha_k s_k) \leq f(x_k) + c_1 a_k \nabla f(x_k)^T s_k$
(W2) $|\nabla f(x_k + \alpha_k s_k)^T s_k| \leq c_2 |\nabla f(x_k)^T s_k|$

Bemerkungen:

1. Sehr effizientes Verfahren, nur Auswertungen von $\nabla f(x_{k+1})$ nötig.
2. Im Fall quadratischer Funktionen sind die drei Verfahren (Fletcher/Reeves, Pollack/Ribiere, Hestens/Stiefel) gleich.
3. Somit ist Fletcher/Reeves und Pollack/Ribiere endlich im Falle quadratischer Funktionen.

Verfahren von Davidon/Fletcher/Powell
Ein Verfahren der konjugierten Richtungen (hier DFP-Verfahren):
$s_{k+1} = -M_{k+1} \cdot g_{k+1}$
und M_{k+1} eine geeignete „update“ Matrix (siehe Quasi-Newtonverfahren).
Die Suchrichtungen s_k bei DFP sind zu M_k orthogonal.
Bemerkungen:

1. Man kann die Verfahren auch jederzeit modifizieren, indem man $\beta_{k+1} = 0$ setzt und somit $s_{k+1} = -g_{k+1}$, z.B. nach je n Schritten im $\mathbb{R}^n$.
2. Effiziente Verfahren (n Schritte cg-Verfahren) haben oft weniger Aufwand als ein Newtonschritt.

Newtonverfahren
Newton im $\mathbb{R}^n$ zur Lösung von n nichtlinearen Gleichungen für
$\nabla f(x) = 0$
$\Rightarrow \nabla f(y) = \nabla f(x) + D^2 f(x)(y-x) + \cdots \Rightarrow$ Näherungsverfahren!
$\Rightarrow \nabla f(x_k) + D^2 f(x_k)(x_{k+1} - x_k) = 0$
$\Rightarrow s_k := x_{k+1} - x_k = -D^2 f(x_k)^{-1} \nabla f(x_k) = -H_k^{-1} g_k$

Beachte:

1. Keine eindeutige Minimierung, bzw. alle Schrittweiten $\alpha_k = 1$.
2. Obiges Verfahren lässt sich interpretieren als Minimierung der quadratischen Approximation an f(x).
   $f(x_k + s) \approx f(x_k) + \nabla f(x_k)^T s + \frac{1}{2} s^T D^2 f(x_k) s$
3. Falls Startwert x_0 sehr nahe bei Lösung $\overline{x}$ dann folgt daraus eine lokal quadratische Konvergenzrate. (falls u.a. $D^2 f(x)$ lipschitzstetig in $U(\overline{x})$ ist)

Wenn x_0 zu weit weg ist von $\overline{x}$ dann konvergiert obiges Newtonverfahren nicht!

Gedämpftes Newtonverfahren:
mit c_1 z.B. $10^{-4}, 0 < \delta < 1$

SCHLEIFE:
$\alpha = 1$
$s_k = -D^2 f(x_k)^{-1} \nabla f(x_k) = -H_k^{-1} g_k$
Schleife solange: $f(x_k + \alpha s_k) > f(x_k) + c_1 \alpha \nabla f(x_k)^T s_k$
setze $\alpha = \delta \alpha$ und $s_k = \cdots$
andernfalls $\alpha_k = \alpha, x_{k+1} = x_k + \alpha_k s_k$ entspricht grober, eindim. Minimierung.

Bemerkungen:

- Sinnvoll, falls $D^2 f(x_k)$ positiv definit ist, weil dann s_k auch Abstiegsrichtung ist.
- Die erste Wolfe-Bedingung (W1) muss erfüllt sein.
- Da man stets mit $\alpha = 1$ startet (= reiner Newtonschritt), versucht man erst, nur mit Newton weiter zu kommen
  $\Rightarrow$ nahe bei $\bar{x}$, automatisch Newton und quadratische Konvergenzrate.

Trust region Idee:

a) Die klassische Newtonmethode (+ quadratischer Konvergenzrate) gilt nur für sehr kleine Umgebungen $U(\bar{x})$ von $\bar{x}$.

b) Die quadratische Approximation mit Dämpfungsstrategie - eine Art eindimensionale Minimierung - gilt in etwas größeren Umgebungen (= trust region).

c) Im streng konvexen Fall ist $D^2 f(x)$ stets positiv definit $\Rightarrow$ trust region entspricht $\mathbb{R}^n$.

Riesiger Nachteil:
n^2 Auswertungen von $D^2 f(x_k)$! Ausweg aus diesem Dilema: Ersetze $D^2 f(x_k)$ durch Näherung (Quasi-Newton).

Quasi-Newton-Verfahren

a) Verwende nur $D^2 f(x_0) = H_0$ in allen Iterationen, dann aber nur lineare Konvergenz!

b) Verwende Differenzenquotient Matrix, eine Art Sekantenverfahren.

c) Verwende Näherungsmatrix M_k, startend z.B. mit $M_0 = I$ oder ähnliches und mache „update“.

Bisher: $s_k = -H_k^{-1} g_k$
Jetzt: $s_k = -M_k \cdot g_k, \quad M_k \approx H_k^{-1}$

Beispiele für M_k:

- Alle $M_k = I$ steilste Abstiegs-Methode.
- Alle $M_k = H_0^{-1}$
- M_k „update“

Letzer Punkt: M_k soll geeignete nxn Matrix sein, welche rekursiv aus M_0 berechnet werden soll. Forderungen an M_{k+1}:

1. Nur aus M_k und Informationen des k-ten Schritts bestehend.
2. Nur erste Ableitungen benötigt.
3. Alle M_k positiv definit, das heißt s_k ist auch Abstiegsrichtung.
4. Das quadratische Problem
   $\underset{x \in \mathbb{R}^n}{min} \frac{1}{2} x^T A x - b^T x$
   mit symmetrischer, positiv definiter Matrix Q, wird in endlich vielen Schritten gelöst.

Satz 2.4 *Das konstruierte Verfahren erfüllt 4., wenn es nach endlich vielen Schritten in das Newtonverfahren*
$x_{k+1} = x_k - A^{-1} g_k$ *übergeht.*

Satz 2.5 *Gilt für ein Verfahren nach n Schritten* $M_n = A^{-1}$, *so ist die Lösung des quadratischen Problems in höchstens (n+1) Schritten gefunden.*

Iterative Verfahren mit $s_k = -M_k \cdot g_k$ und $M_n = A^{-1}$ heißen Quasi-Newton-Verfahren.

Bemerkungen:

1. Wegen $f(x) = \frac{1}{2} x^T A x - b^T x$ gilt $g_{k+1} - g_k = A \cdot (x_{k+1} - x_k)$
2. Man muss fordern
   $M_{k+1} \cdot (g_{j+1} - g_j) = x_{j+1} - x_j$ für $0 \leq j \leq k$
   (Quasi-Newton-Bedingungsgleichung)

Viele solcher Quasi-Newton-Verfahren sind möglich, z.B. DFP-Verfahren = Davidon/ Fletcher/ Powell-Verfahren.

Wichtige Forderungen:

1. Alle M_k sollen positiv definit sein.
2. M_{k+1} muss einfach berechenbar sein aus M_k
   $M_{k+1} = M_k + \gamma_k \cdot y_k \cdot y_k^T$
   mit geeignetem $\gamma_k \in \mathbb{R}$.

DFP-Idee (nicht Rang=1):
$M_{k+1} = M_k + \frac{(x_{k+1}-x_k)(x_{k+1}-x_k)^T}{(x_{k+1}-x_k)^T(g_{k+1}-g_k)} - \frac{M_k(g_{k+1}-g_k)(g_{k+1}-g_k)^T M_k}{(g_{k+1}-g_k)^T M_k (g_{k+1}-g_k)}$

Satz 2.6 *Die vom DFP-Verfahren erzeugten Matrizen* M_k *sind symmetrisch und positiv definit.*

Der folgende Satz zeigt, dass das DFP-Verfahren auch ein Verfahren konjugierender Richtungen ist. Das heißt, in kleiner als n Schritten konvergiert f(x) quadratisch.

Satz 2.7 $f(x) = \frac{1}{2}x^T Ax - b^T x$ *A reell, symmetrisch und positiv definite mxn-Matrix.*
$\Rightarrow$

a) $s_i^T A s_j = 0, \quad 0 \leq i < j \leq k$

b) $M_{k+1} \cdot (g_{j+1} - g_j) = x_{j+1} - x_j, \quad 0 \leq j \leq k, \quad k = 0, \cdots, n-1$

Verfahren der Art $M_{k+1} = M_{k+1}^{DFP} + \gamma_k y_k y_k^T$ sind alle ähnlich!

Beispiel: $y_k = \frac{x_{k+1} - x_k}{(g_{k+1} - g_k)^T (x_{k+1} - x_k)} - \frac{M_k (g_{k+1} - g_k)}{(g_{k+1} - g_k)^T M_k (g_{k+1} - g_k)}$

(beliebige $\gamma_k \in \mathbb{R}$) BROYDEN-Klasse.

Einige Begriffe:

Konvergenz

Für jeden Häufungspunkt x^* von der Folge $\{x_k\}$ gilt:
$f(x^*) = f(\bar{x}) = {}_{x \in \mathbb{R}^n}^{min}$ f(x).

Konvergenzrate

Quadratisches Problem in n Schritten, n-Schritt-quadratische Konvergenz:
$|x^{n(i+1)} - \bar{x}| \leq c|x^{n \cdot i} - \bar{x}|^2$, $i \in \mathbb{N}$ hinreichend groß.

Numerische Vergleiche

Bei recht ungenauen eindimensionalen Schrittweiten DFP langsamer als klassisches Gradientenverfahren des steilsten Abstiegs.

Verallgemeinerung des Quasi-Newton-Verfahrens: Allgemeine Formel

$M_{k+1} = \Psi(\gamma_k, \theta_k, M_k, x_{k+1} - x_k, g_{k+1} - g_k)$ mit
$\gamma_k > 0, \theta_k > 0$ und mit
$p_k := x_{k+1} - x_k$ und $q_k := g_{k+1} - g_k$ folgt:
$\Psi(\gamma, \theta, M, p, q) = \gamma M + (1 + \gamma\theta\frac{q^T Mq}{p^T q})(\frac{pp^T}{p^T q}) - \gamma\frac{1-\theta}{q^T Mq} Mqq^T M - \frac{\gamma\theta}{p^T q}(pq^T M + Mqp^T)$
(Korrekturfaktor ist vom Rang kleiner gleich zwei, also $Rang(M_{k+1} - M_k) \leq 2$) OREN-Luenberger Klasse)

SPEZIALFÄLLE IN DER FORMEL Ψ

1. $\gamma_k = 1, \theta_k = 0$: DFP
2. $\gamma_k = 1, \theta_k = 1$: Rang-2-Verfahren von Broyden, Fletcher, Goldfark, Shamo (BFGS-Verfahren, wird das beste Verfahren)
3. $\gamma_k = 1, \theta_k = \frac{p_k^T q_k}{p_k^T q_k - q_k^T M_k q_k}$: Symmetrisches Rang-1-Verfahren von Broyden
   M_{k+1} erfüllt unter gewissen leichten Vorraussetzungen die Quasi-Newtongleichung, oft superlineare Konvergenzrate.

Beispiel:$f(x,y) = 100(y^2(3-x) - x^2(3+x))^2 + \frac{(2+x)^2}{1+(2+x)^2}$
Exaktes Minimum: $\bar{x} = 2, \bar{y} = 0.89427\cdots, f(\bar{x}, \bar{y}) = 0$
Starwerte: $x_0 = 0.1, y_0 = 4.2$

	BFGS	DFP	Gradienten
Funktionsauswertungen	374	568	1248
Gradientenauswertungen	54	47	201
Abbruchgenauigkeit	$\leq 10^{-11}$	$\leq 10^{-11}$	0.7

Nichtdifferenzierbare Minimal- und Ausgleichsrechnung

DIFFERENZIERBARER FALL:
Lineare Ausgleichsfunktion: $||Az-b||_2^2 \to min$, $z \in \mathbb{R}^n$, A mxn-Matrix, $\vec{b} \in \mathbb{R}^m$
m=n $\Rightarrow$ LGS, falls A regulär
m<n sinnlos
m>n $\Rightarrow$ Normalengleichungen: $A^T Az = A^T \vec{b}$
Nichtlineare Ausgleichsfunktion: $\underset{z \in \mathbb{R}^n}{min} ||F(z)||_2^2$, $F : \mathbb{R}^n \to \mathbb{R}^m$

Beispiel: Ausgleich von Daten $b_1, \cdots, b_m$

α) n=2, z=(a,b), $a \cdot e^{bt}$, a,b Parameter, m=5, $\vec{c} = (c_1, \cdots, c_5)^T$

$$F(z) = F(a,b) = \begin{pmatrix} F_1(a,b) \\ F_2(a,b) \\ \vdots \\ F_5(a,b) \end{pmatrix} = \begin{pmatrix} ae^b - c_1 \\ ae^{2b} - c_2 \\ \vdots \\ ae^{5b} - c_5 \end{pmatrix}$$

β) n=2, z=(A,ω): $A \sin \omega t$, m=5

$$F(z) = F(A,\omega) = \begin{pmatrix} F_1(A,\omega) \\ F_2(A,\omega) \\ \vdots \\ F_5(A,\omega) \end{pmatrix} = \begin{pmatrix} Asin\omega - c_1 \\ Asin2\omega - c_2 \\ \vdots \\ Asin5\omega - c_5 \end{pmatrix}$$

Idee: Linearisieren von F(z), $F(z) \approx F(z_0) + DF(z_0)(z - z_0)$
$\Rightarrow \underset{z}{min} ||F(z)||_2^2 \approx \underset{z}{min} ||F(z_0) + DF(z_0)(z - z_0)||$
$\Rightarrow$ „Normalengleichungen“: $DF(z_0)^T DF(z_0)\vec{s} = -DF(z_0)^T F(z_0)$

Allgemeiner Schritt: „Gauß-Newton-Verfahren“

1. z_0 gegeben, k=0.
2. z_k gegeben, k gegeben.
   Löse $DF(z_k)^T DF(z_k) s_k = -DF(z_k)^T \vec{c} \Rightarrow s_k \Rightarrow z_{k+1} = z_k + s_k$
3. gehe zu Schritt 2.

Lokal quadratisch konvergent, falls m=n (extrem selten) das heißt: Newton-Verfahren m<n sinnlos! Trust-Region: Führe längs s_k eine eindimensionale Minimierung durch: Levenberg-Marquard-Idee.

NICHT-DIFFERENZIERBARER FALL:
Allgemein: $\underset{x\in\mathbb{R}^n}{min}$ f(x)
Subdifferential $\partial f(x) = \{g \in \mathbb{R}^n / \forall y : f(y) \geq f(x) + g^T(y-x)\}$
Numerisch besser: $\partial_\varepsilon f(x) = \{g \in \mathbb{R}^n / \forall y \in \mathbb{R}^n : f(y) \geq f(x) + g^T(y-x) - \varepsilon\}$
Recht schwierig in diesem allgemeinen Fall. Besser l_1-Norm oder l_∞-Norm.

Definition 2.1 **(l_1-Norm)** $\underset{x\in\mathbb{R}^n}{min} \sum_{j=1}^m |f_j(x)|$
$\partial f(x) = \{\sum_{j=1}^m \lambda_j \nabla f_j(x) / -1 \leq \lambda_j \leq 1\}$

Definition 2.2 **(l_∞-Norm)** $\underset{x\in\mathbb{R}^n}{min} \underset{1\leq j\leq m}{max} f_j(x)$ *mit*
$f_j : \mathbb{R}^n \rightarrow \mathbb{R}, f_j \in C^2$ *hier ist*
$\partial f(x) = conv\{\nabla f_j(x) / f_j(x) = f(x)\}$
$\partial_\varepsilon f(x) \supset conv\{\nabla f_j(x) / f_j(x) \geq f'(x) - \varepsilon\}$

Definition 2.3 $I_A(x) = \{j \in \{1,2,\cdots,m\} / f_j(x) = f(x)\}$ *Im Minmax-Fall gilt:* $\partial f(x) = conv\{\nabla f_j(x) / j \in I_A(x)\} = \{\sum_{j\in I_A(x)} \lambda_j \nabla f_j(x) / \sum_{j\in I_A(x)} \lambda_j = 1, 0 \leq \lambda_j \leq 1, j \in I_A(x)\}$
falls $I_A(x)$ *nur ein Element hat, so ist* $\partial f(x) = \{\nabla f_i(x)\}$

Beispiel:
$f(x) = max(x, -x) = |x|, f_1(x) = x, f_2(x) = -x$

- $x < 0 : \quad I_A(x) = 2$
  $\partial f(x) = \{-1\} = f_2'(x)$
- $x = 0 : \quad I_A(x) = \{1,2\}$
  $\partial f(x) = \{\sum_{j=1}^2 \lambda_j f_j'(x) / \sum_{j=1}^2 \lambda_j = 1, \lambda_1 \geq 0, \lambda_2 \geq 0\} = \{\lambda_1 - \lambda_2 / \lambda_1 + \lambda_2 = 1\} = \{\lambda_1 - \lambda_2 / \lambda_2 = 1 - \lambda_1\} = \{2\lambda_1 - 1 / 0 \leq \lambda_1 \leq 1\} = [-1;1]$

- $x > 0: \quad I_A(x) = 1$
  $\partial f(x) = \{1\} = \{f_1'(x)\}$

Definition 2.4 (Minimalstelle) *$\overline{x}$ ist eine Minimalstelle, wenn:*

i) $\forall s \in \mathbb{R}^n : f_s'(\overline{x}) \geq 0$ *bwz.*
$\forall s \forall g \in \partial f(\overline{x}) : g^T \cdot s \geq 0$
(Richtungsableitung!)

ii) ODER: $0 \in \partial f(\overline{x})$

Optimalitätskriterium: $0 \in \partial f(\overline{x})$
das heißt, $\exists \overline{\lambda}_j, j \in I_A(\overline{x}) : \sum_{j \in I_A(\overline{x})} \overline{\lambda}_j \nabla f_j(\overline{x}) = 0$ und $\sum_{j \in I_A(\overline{x})} \lambda_j = 1$, $\overline{x} \in \mathbb{R}^n, \overline{\lambda} \in \mathbb{R}^p$
Sei $p := cardI_A(\overline{x}), p \leq m$ wobei o.B.d.A. $I_A(\overline{x}) = \{1, 2, \cdots, p\}$

Andere Idee: Suche den Vektor kleinster $\overset{min}{\lambda_j} \{||\sum_{j \in I(x_k)} \lambda_j \nabla f_j(x_k)||^2, \sum \lambda_j = 1, \lambda_j \geq 0\}$ Norm aus jedem $\partial f(x_k)$.

Algorithmus des allgemeinen Abstieges
Analog zum differenzierbaren Fall:

0. x_0 gegeben, $-s_0 \in \partial f(x_0) = conv\{\nabla f_i(x_0)/i \in I_A(x_0)\}$
1. x_k gegeben, $-s_k \in \partial f(x_k)$ beliebig.
   $x_{k+1} = x_k + \alpha_k s_k$, $\alpha_k : \underset{\alpha \geq 0}{\overset{min}{}} f(x_k + \alpha_k s_k)$
2. k=k+1, gehe zu Schritt 1.

Speziell: Steilster Abstieg:
$-s_k : min\{||g||, g \in \partial f(x)\}$
Kann zu Konvergenzschwierigkeiten führen, daher besser:
$\partial_\varepsilon f(x) \approx conv\{\nabla f_i(x)/i \in I_\varepsilon(x)\}, I_\varepsilon(x) = \{i/f(x) = f_i(x) \leq \varepsilon\}$

Dem Yanov-Algorithmus Wie oben doch:
$-s_k : min\{||g||/g \in conv\{\nabla f_i(x_k)/i \in I_\varepsilon(x_k)\}\}$

Vorgehensweise bei $\underset{x\in\mathbb{R}^n}{min}\ \underset{1\leq j\leq m}{max}\ f_j(x)$:

I) Steilster Abstieg (aus numerischer und Konvergenzgründen besser in $\partial_\varepsilon f(x), \varepsilon > 0$ als in $\partial f(x)$) Hier wird in festem x_k das $\underset{g\in\partial_\varepsilon f(x_k)}{min}\ ||g||$ berechnet mittels dem quadratischen Optimierungsproblem mit Nebenbedingung $\sum_{j\in\ I_\varepsilon(x_k)} \lambda_j = 1$
   Es gilt:
   $\underset{\forall\lambda_j\in I_\varepsilon(x_k)}{min}\ ||\sum_{j\in I_\varepsilon(x_k)} \lambda_j \nabla f_j(x_k)||_2^2$ mit $\sum_{j\in I_\varepsilon(x_k)} \lambda_j = 1$ und $\forall j : \lambda_j \geq 0$
   Mittels Methode von WOLFE: Falls $s_k \approx 0 \Rightarrow 0 \in \partial_\varepsilon f(x_k) \to$ FERTIG, andernfalls s_k ist Richtung des steilsten Abstiegs.

II) Löse $0 \in \partial f(\overline{x})$ direkt, also suche eine Nullstelle in der konvexen Hülle der aktuellen Subgradienten, also die $\overline{\lambda}_j$ und die $\overline{x}_i, i = 1, \cdots, n$, sind beide simultan gesucht.
   $\Rightarrow$ Newton-Idee: $\overline{x}$ sei Minimum

   1. $\exists U(\overline{x}) \forall x \in U(\overline{x}) : I_{A_\varepsilon}(x) = I_A(\overline{x})$
   2. o.B.d.A. $I_{A_\varepsilon}(x) = I_A(\overline{x}) = \{1, \cdots, p\}, \Rightarrow p \leq m$
   3. $\exists V(\overline{x})$, so dass die Vorraussetzungen für ein Newtonverfahren gelten, z.B. Konvergenzbedingungen.
      $\Rightarrow$ Löse folgendes Problem in $U(\overline{x}) \cap V(\overline{x})$: Finde ein $\overline{x} \in \mathbb{R}^n, \overline{\lambda} \in \mathbb{R}^p$ mit
      $\overline{x} = (\overline{x}_1, \cdots \overline{x}_n)$ und
      $\overline{\lambda} = (\overline{\lambda}_1, \cdots \overline{\lambda}_n)$ mit

      i) $\sum_{j=1}^m \overline{\lambda}_j \nabla f_j(\overline{x}) = 0$
      ii) $\forall j = 2, \cdots, p : f_j(\overline{x}) - f_1(\overline{x}) = 0$
      iii) $\sum_{j=1}^p \overline{\lambda}_j - 1 = 0$

Andere Schreibweise: (mit $\overline{\lambda}_1 = 1 - \sum_{j=2}^p \overline{\lambda}_j$)
folgt ($\overline{x} \in \mathbb{R}^n, \overline{\lambda} = (\lambda_2, \cdots, \lambda_p) \in \mathbb{R}^{p-1}$))
$g(\overline{x}, \overline{\lambda}) = (1 - \sum_{j=2}^p \overline{\lambda}_j) \nabla f_1(\overline{x}) + \sum_{j=2}^p \overline{\lambda}_j \nabla f_j(\overline{x}) = 0$

$\Delta f_j(\bar{x},\overline{\lambda}) = f_j(\bar{x}) - f_1(\bar{x}) = 0$ und mit
$\bar{z} = (\bar{x},\overline{\lambda}) \in \mathbb{R}^{n+p-1}$ und

$$F(\bar{z}) = F(\bar{x},\overline{\lambda}) = \begin{pmatrix} g(\bar{x},\overline{\lambda}) \\ \Delta f_2(\bar{x},\overline{\lambda}) \\ \vdots \\ \Delta f_p(\bar{x},\overline{\lambda}) \end{pmatrix}$$

Und das nichtlineare Geichungssystem (n+p-1) Variablen/Gleichungen:
$F(\bar{z}) = F(\bar{x},\overline{\lambda}) = 0$

Lösung mittels Newtonverfahren, Startwert $z_0 = (\bar{x}_0, \overline{\lambda}_0)$ in der Iteration k:

$$\boxed{\vec{z}_{k+1} = \begin{pmatrix} \vec{x}_{k+1} \\ \vec{\lambda}_{k+1} \end{pmatrix} = \begin{pmatrix} \vec{x}_k \\ \vec{\lambda}_k \end{pmatrix} - DF(\vec{x}_k, \vec{\lambda}_k)^{-1} \cdot F(\vec{z}_k)}$$

mit $DF(z_k) = DF(\vec{x}_k, \vec{\lambda}_k) = \begin{pmatrix} D^2 f(\vec{x}, \vec{\lambda}_k) & G_k \\ G_k & 0 \end{pmatrix}$

und $D^2 f(\vec{x}, \vec{\lambda}_k) = (1 - \sum_{j=2}^{p} \overline{\lambda}_j) D^2 f_1(\vec{x}_k) + \sum_{j=2}^{p} \lambda_j D^2 f_j(\vec{x}_k)$

und $G_k = \begin{pmatrix} \nabla f_2 - \nabla f_1 \\ \vdots \\ \nabla f_p - \nabla f_1 \end{pmatrix}$

Trust Region Trick

Führt man im Newton-Verfahren oben für $\vec{s}_k = \vec{z}_{k+1} - \vec{z}_k$ noch eine „line-search“ (eindeutige Minimierung) ein, also berechnet man ein $\alpha_k > 0$ mit
$\alpha_k : \underset{\alpha \geq 0}{min} \ ||F(z_k + \alpha s_k)||_2^2$
z.B. $\alpha_k : \underset{0 \leq j \leq 3}{min} \ ||F(z_k + 2^{-j} s_k||_2^2$
so erweitert man den Konvergenzbereich insbesondere wenn man verlangt:
$||F(\vec{z}_k + 2^{-j} s_k)||_2^2 \leq ||F(\vec{z}_k)||_2^2 = r \cdot ||s_k||_2^2$
mit 0<r<1 gegeben. (Abstieg!) (allerdings i.a. noch kein globaler Konvergenzbereich = $\mathbb{R}^n$) Doch wie stellt man fest, dass

→ $I_\varepsilon(x_k) = I(\bar{x})$

→ Konvergenzbereich schon erreicht ist?

Test-Kriterien, gegebenenfalls „Restart-Kriterien“
$\Rightarrow$ Zwei-Stufen-Algorithmus.

Idee des Zwei-Stufen-Algorithmus

Ergänzung
Glatte Ersatzprobleme (z.B. Bertschas, Charalambus, usw...)

Lösungsalgorithmus für diskrete Minmax Probleme
$\underset{x\in\mathbb{R}^n}{min} \underset{1\leq j\leq m}{max} f_j(x)$

- $m \leq n$ singulärer Fall:
  - Abstiegsmethode (Dem Yanov)
  - Newtonmethode (Hornung)
  - Zwei-Stufen Dem Yanov-Newton (Hornung)
- $m \geq n+1$ regulärer Fall:
  - Linearisierung, Lineares Problem (Madsen, Schjaer-Jacobson)
  - $I = \{1, \cdots, m\}$
    $f_j(x) - f_1(x) = 0 \Rightarrow f_j(x) + \nabla f_j^T(y-x) - f_1(x) - \nabla f_1^T(y-x) = 0$
    $(\nabla f_j - \nabla f_1)^T(y-x) = 0$
    Schnitt von Ebenen, Tagential-Ebenen.
    Falls $p = card \quad I(\bar{x}) \geq n+1$ und Haar-Bedingung gilt
    $\Rightarrow$ eindeutig lösbar.
- Ersatzproblem

3 OPTIMIERUNG MIT NEBENBEDINGUNG (CONSTRAINED OPTIMIZATION)

- falls „=“ Nebenbedingungen
  $\min_{x \in \mathbb{R}^n} f(x)$
  $\forall j = 1, \cdots, m : g_j(x) = 0$
  Hier klassisch: Lagrange-Bedingung,
  für m,n klein, modern: Newton.

- falls „<“ Nebenbedingungen
  $\min_{x \in \mathbb{R}^n} f(x)$
  $\forall j : g_j(x) \leq 0$

  - Penalty, ohne Nebenbedingung
  - Kuhn-Tucker-Bedingung
  - Proj. Grad.
  - SQP-Methode.

LAGRANGESCHE MULTIPLIKATOREN METHODE

Bei „=“ Restriktionen anwendbar:
$\min_{x \in \mathbb{R}^n} f(x)$, $g_j(x) = 0$, $j = 1, 2 \cdots, m$

Lagrange-Funktion:
$L(\vec{x}, \vec{\lambda}) = f(x) + \sum_{j=1}^{m} \lambda_j g_j(x)$
Lagrange-Bedingungen:
$\nabla_{(x,\lambda)} L(x, \lambda) = \vec{0}$
$\nabla_x L(x, \lambda) = \nabla f(x) + \sum_{j=1}^{m} \lambda_j \nabla g_j(x) = 0$

$$\nabla_\lambda L(x, \lambda) = \begin{pmatrix} g_1(x) \\ \vdots \\ g_m(x) \end{pmatrix} = \vec{0}$$

Beispiele: Dose, Schachtel, jeweils gegebenes Volumen, gesucht ist minimale Oberfläche.

KUHN-TUCKER THEOREM

Das Kuhn-Tucker Theorem ist eine Erweiterung der klassischen Multiplikatorenmethode von Lagrange, es können damit auch Extrema gefunden werden, wenn Ungleichungs- Nebenbedingungen vorliegen. Eine Funktion $F(X)$ mit dem Variablenvektor $X \in \mathbb{R}^n$ soll unter den m Nebenbedingungen $g_i(X), i = 1, ..., m$ minimiert werden. Lagrange-Funktion nach Kuhn-Tucker:

$$L(X,u) = F(X) \pm \sum_{i=1}^{m} u_i g_i(X)$$

Mit $u_i \in \mathbb{R}$ werden dabei die Multiplikatoren bezeichnet. Gilt für die Nebenbedinungen $g_i(X) \leq 0$ so gilt das positive Vorzeichen, bei $g_i(X) > 0$ gilt das negative Vorzeichen.

Satz 3.1 (Kuhn-Tucker) *Es gilt:*

$L'(X,u) = 0$	$\wedge$ $g_i(X) < 0$	$\wedge$	$u_i > 0$	*Randextremum*
$L'(X,u) = 0$	$\wedge$ $g_i(X) < 0$	$\wedge$	$u_i = 0$	*verschwindende Tangenten*
$L'(X,u) = 0$	$\wedge$ $g_i(X) = 0$	$\wedge$	$u_i > 0$	*aktive Nebenbedinung*

Beispiel:

$$\begin{aligned}
F(X) &= x_1^2 + x_2^2 := min \\
g_1(X) &= x_1 \geq 0 \\
g_2(X) &= x_2 \geq 0 \\
g_3(X) &= x_1 + 2x_2 - 2 \geq 0
\end{aligned}$$

Lagrangefunktion nach Kuhn-Tucker:

$$\begin{aligned}
\text{L(X,u)} &= F(X) - \textstyle\sum_{i=1}^{m} u_i g_i(X) \\
&= x_1^2 + x_2^2 - [u_1 x_1 + u_2 x_2 + u_3(x_1 + 2x_2 - 2)] \\
&= x_1^2 + x_2^2 - u_1 x_1 - u_2 x_2 - u_3(x_1 + 2x_2 - 2)
\end{aligned}$$

Partielle Ableitungen null setzen:

$$\frac{\delta L}{\delta x_1} = 2x_1 - u_1 - u_3 = 0$$
$$\frac{\delta L}{\delta x_2} = 2x_2 - u_2 - 2u_3 = 0$$

Lösung geschieht durch Fallunterscheidung:

	1.Fall	2.Fall	3.Fall	4.Fall	5.Fall	6.Fall	7.Fall	8.Fall
u_1	=0	=0	=0	>0	=0	>0	>0	>0
u_2	=0	=0	>0	>0	>0	>0	=0	=0
u_3	=0	>0	>0	>0	=0	=0	=0	>0

1.Fall: $\mathbf{u_1 = 0, u_2 = 0, u_3 = 0}$

$\frac{\delta L}{\delta x_1} = 2x_1 = 0$ $\qquad \frac{\delta L}{\delta x_2} = 2x_2 = 0$

$g_1(X) = x_1 \geq 0$ $\qquad$ da $u_1 = 0$

$g_2(X) = x_2 \geq 0$ $\qquad$ da $u_2 = 0$

$g_3(X) = x_1 + 2x_2 - 2 \geq 0$ $\qquad$ da $u_3 = 0$

$\Rightarrow g_2(X) = -2 \leq 0$

das heißt, $X = (0,0)$ ist kein Optimalpunkt, da $g_2(X)$ nicht erfüllt ist!

2.Fall: $\mathbf{u_1 = 0, u_2 = 0, u_3 > 0}$

$\frac{\delta L}{\delta x_1} = 2x_1 - u_3 = 0$ $\qquad \frac{\delta L}{\delta x_2} = 2x_2 - 2u_3 = 0$

$g_1(X) = x_1 \geq 0$ $\qquad$ da $u_1 = 0$

$g_2(X) = x_2 \geq 0$ $\qquad$ da $u_2 = 0$

$g_3(X) = x_1 + 2x_2 - 2 = 0$ $\qquad$ da $u_3 > 0$

Drei Gleichheitsbedingungen:

$2x_1 - u_3 = 0, \quad 2x_2 - 2u_3 = 0, \quad x_1 + 2x_2 - 2 = 0$

$\Rightarrow u_3 = 2x_1 \Rightarrow 2x_2 - 4x_1 = 0$

$\Rightarrow x_1 = 2 - 2x_2 \Rightarrow 2x_2 - 4(2 - 2x_2) = 0$

$\Rightarrow 2x_2 - 8 + 8x_2 = 0 \Leftrightarrow 10x_2 = 8 \Leftrightarrow x_2 = \frac{4}{5}$

$\Rightarrow x_1 + \frac{4}{5} - 2 = 0 \Leftrightarrow x_1 = \frac{2}{5} \wedge u_3 = \frac{4}{5} > 0$

$g_3(X) = 0$ ist aktive Nebenbedingung, die das Extremum als Randminimum enthält.

Variablenvektor: $\qquad X^* = (\frac{2}{5}, \frac{4}{5})$

Zielfunktionswert: $\qquad F(X^*) = \frac{4}{5}$

3.Fall: $\mathbf{u_1 = 0, u_2 > 0, u_3 > 0}$

$\frac{\delta L}{\delta x_1} = 2x_1 - u_3 = 0$ $\frac{\delta L}{\delta x_2} = 2x_2 - u_2 - 2u_3 = 0$
$g_1(X) = x_1 \geq 0$ da $u_1 = 0$
$g_2(X) = x_2 = 0$ da $u_2 > 0$
$g_3(X) = x_1 + 2x_2 - 2 = 0$ da $u_3 > 0$
Vier Gleichheitsbedingungen:
$2x_1 - u_3 = 0, \quad 2x_2 - u_2 - 2u_3 = 0, \quad x_2 = 0, \quad x_1 + 2x_2 - 2 = 0$
für $x_2 = 0$ gilt: $x_1 = 2$
$\Rightarrow u_3 = 4 \Rightarrow -u_2 - 8 = 0 \Rightarrow u_2 = -8 \Rightarrow g_2(X)$ ist nicht erfüllt!

4.Fall: $\mathbf{u_1 > 0, u_2 > 0, u_3 > 0}$

$\frac{\delta L}{\delta x_1} = 2x_1 - u_1 - u_3 = 0$ $\frac{\delta L}{\delta x_2} = 2x_2 - u_2 - 2u_3 = 0$
$g_1(X) = x_1 = 0$ da $u_1 > 0$
$g_2(X) = x_2 = 0$ da $u_2 > 0$
$g_3(X) = x_1 + 2x_2 - 2 = 0$ da $u_3 > 0$
Es gilt: $x_1 = x_2 = 0 \Rightarrow g_3(X) = -2 \Rightarrow g_3(X)$ ist nicht erfüllt!

5.Fall: $\mathbf{u_1 = 0, u_2 > 0, u_3 = 0}$

$\frac{\delta L}{\delta x_1} = 2x_1 = 0$ $\frac{\delta L}{\delta x_2} = 2x_2 - u_2 = 0$
$g_1(X) = x_1 \geq 0$ da $u_1 = 0$
$g_2(X) = x_2 = 0$ da $u_2 > 0$
$g_3(X) = x_1 + 2x_2 - 2 \geq 0$ da $u_3 = 0$
Es gilt: $x_1 = x_2 = 0 \Rightarrow g_3(X) = -2 \Rightarrow g_3(X)$ ist nicht erfüllt!

6.Fall: $\mathbf{u_1 > 0, u_2 > 0, u_3 = 0}$

$\frac{\delta L}{\delta x_1} = 2x_1 - u_1 = 0$ $\quad\quad$ $\frac{\delta L}{\delta x_2} = 2x_2 - u_2 = 0$

$g_1(X) = x_1 = 0$ $\quad$ da $\quad u_1 > 0$

$g_2(X) = x_2 = 0$ $\quad$ da $\quad u_2 > 0$

$g_3(X) = x_1 + 2x_2 - 2 \geq 0$ $\quad$ da $\quad u_3 = 0$

Es gilt: $x_1 = x_2 = 0 \Rightarrow g_3(X) = -2 \Rightarrow g_3(X)$ ist nicht erfüllt!

7.Fall: $\mathbf{u_1 > 0, u_2 = 0, u_3 = 0}$

$\frac{\delta L}{\delta x_1} = 2x_1 - u_1 = 0$ $\quad\quad$ $\frac{\delta L}{\delta x_2} = 2x_2 = 0$

$g_1(X) = x_1 = 0$ $\quad$ da $\quad u_1 > 0$

$g_2(X) = x_2 \geq 0$ $\quad$ da $\quad u_2 = 0$

$g_3(X) = x_1 + 2x_2 - 2 \geq 0$ $\quad$ da $\quad u_3 = 0$

Es gilt: $x_1 = x_2 = 0 \Rightarrow g_3(X) = -2 \Rightarrow g_3(X)$ ist nicht erfüllt!

8.Fall: $\mathbf{u_1 > 0, u_2 = 0, u_3 > 0}$

$\frac{\delta L}{\delta x_1} = 2x_1 - u_1 - u_3 = 0$ $\quad\quad$ $\frac{\delta L}{\delta x_2} = 2x_2 - 2u_3 = 0$

$g_1(X) = x_1 = 0$ $\quad$ da $\quad u_1 > 0$

$g_2(X) = x_2 \geq 0$ $\quad$ da $\quad u_2 = 0$

$g_3(X) = x_1 + 2x_2 - 2 = 0$ $\quad$ da $\quad u_3 > 0$

$\Rightarrow g_3(X) = 2x_2 - 2 = 0 \Rightarrow x_2 = 1$

$\Rightarrow -u_1 - u_3 = 0 \Rightarrow 2 - 2u_3 = 0 \Leftrightarrow u_3 = 1$

$\Rightarrow -u_1 - 1 = 0 \Rightarrow u_1 = -1$ und damit nicht größer null!

Ist m, die Anzahl der Nebenbedingungen groß müssen mitunter sehr viele Fallunterscheidungen untersucht werden. Man kann jedoch durch Vorüberlegungen bereits Fälle, welche die Lösung nicht eingrenzen, d.h. wenn $u_i = 0$ ist, vernachlässigen.

Kapitel C)

SCHLUSS

ZUSAMMENFASSUNG		
VERFAHREN	VORTEILE	NACHTEILE
Gradienten-Verfahren	konvergiert immer mindestens linear gegen lokales Minimum, keine exakte eindim. Minimierung notwendig	konvergiert langsam, Zick-Zack-Effekt, Iterationen unabhängig voneinander - kein Gedächtnis, „eindimensional“
Konjugierte Gradientenverfahren (Fletcher-Reeves, Pollak-Ribiere, Hestenes-Stiefel)	Suchrichtungen spannen ganz $\mathbb{R}^n$ auf $\rightarrow$ Vermeidung von Zick-Zack-Effekt, nur Auswertungen von $\nabla f(x_{k+1})$ nötig - effizient!, lineare Konvergenz, globale Konvergenz möglich, für $x \in \mathbb{R}^n$ n groß geeignet	nicht so robust wie bspw. Quasi-Newtonverfahren

Konjugierte-Richtungs-Verfahren (Davidon-Fletcher-Powell)	effizient, n Schritte oft weniger Aufwand als ein Newtonschritt	
Newtonverfahren	falls Startwert *sehr* nahe an Minimum $\rightarrow$ lokal quadratische Konvergenz	keine eindeutige Minimierung, da alle Schrittweiten = 1, falls Startwert zu weit weg von Minimum: keine Konvergenz!, aufwendige Berechnung der inversen Hessematrix, n^2 Auswertungen dieser!
gedämpftes Newtonverfahren	Konvergenz in größerer Umgebung (trust region) als beim Newtonverfahren, ist Zielfunktion streng konvex $\rightarrow$ trust region = $\mathbb{R}^n$	genauso wie beim Newtonverfahren: n^2 Auswertugen der Hessematrix!!
Quasi-Newtonverfahren	Rechenaufwand gegenüber Newtonverfahren geringer, bei konvexer Zielfunktion $\rightarrow$ superlineare Konvergenz!	bei Verwendung von H_0 in allen Iterationen $\rightarrow$ nur lineare Konvergenz
Gauß-Newtonverfahren	lokal quadratisch konvergent, auch für den nichtdifferenzierbaren Fall der Zielfunktion	

Kapitel D)

ÜBUNGEN

Aufgabe 1:
Eine 400m lange Laufbahn besteht aus zwei parallelen Strecken l und zwei angesetzten Halbkreisbögen r. Wie groß müssen l und r gewählt werden, damit die Rechtecksfläche möglichst groß wird?

Aufgabe 2:
Aus einem quatratischen Blechstück mit der Seitenlänge a=40cm, sind die Ecken so einzuschneiden und anschließend umzubiegen, dass eine offene Schachtel entsteht. Wie tief muss die Seite des Quadrates eingeschnitten werden, wenn die Schachtel ein möglichst großes Volumen haben soll?

Aufgabe 3:
Die Höhe eines Kegels beträgt H=16cm, der Durchmesser beträgt D=8cm. Wie müssen r und h des einbeschriebenen Zylinders gewählt werden, damit das Volumen des Zylinders maximal wird?

Aufgabe 4:
Einem Kegel mit Grundkreisradius 4cm und Höhe 10cm soll ein Kegel so einbeschrieben werden, dass dessen Spitze auf dem Grundkreismittelpunkt ruht und sein Volumen maximal ist.

Aufgabe 5:
Man berechne für die Funktion $f(x,y) = x^4 - 2x^2 + y^3 + 3y^2$ alle stationären Punkte und begründe jeweils, ob ein Minimum, ein Maximum oder gar kein lokales Optimum vorliegt, bzw. gegebenenfalls diesbezüglich keine Aussage getroffen werden kann. Des Weiteren untersuche man, ob global optimale Lösungen existieren.

Aufgabe 6:
Man bestimme die lokalen Extrema der Funktion $f(x_1,x_2) = x_1 ln(x_1 + x_2) - x_2$ Existieren ein globales Minimum bzw. Maximum?

Aufgabe 7:
Es sei die Funktion $z = f(x,y) = x^2 e^y - y^2$ gegeben. Wo liegen die stationären Punkte (horizontalen Tangenten) und bei welchen dieser Punkte handelt es sich um Hoch-, Tief- oder Sattelpunkt?

Aufgabe 8:
Gegeben ist die Funktion $z = f(x,y) = ln(x^2+1) + xy + 0.5y^2$
Berechnen Sie den Gradienten und die Hessematrix der Funktion.
Untersuchen Sie den Graphen der Funktion auf relative Extrema und Sattelpunkte.

Aufgabe 9:
Lösen Sie das Beispiel 4 (Ergänzung), also die Schachtel mit gegebenem Volumen c und minimaler Oberfläche.

Aufgabe 10:
Sei H eine positiv definite n*n Matrix. Zeigen Sie:

a) Dann sind alle Eigenwerte von H positiv.
b) Alle Diagonalelemente sind positiv.
c) H ist diagonaldominat.
d) Alle Hauptminoren von H sind positiv.

Aufgabe 11:
Berechne den Gradienten und die Hesse-Matrix der Funktion
$f(x) = \frac{1}{2}\vec{x}^T H\vec{x} + b^T\vec{x} + c$
Welche Voraussetzungen muss H erfüllen, damit ein Minimum vorliegt?

Aufgabe 12:
Sei $A \in \mathbb{R}_{mxn}$ und $f : \mathbb{R}^n \to \mathbb{R}$; $\quad f(x) = ||A\vec{x} - b||^2$
Zeige: f ist zweimal stetig differenzierbar. Berechne den Gradienten und die Hesse-Matrix.
Zeige: Die Hesse-Matrix ist positiv semidefinit. Sie ist genau dann positiv definit, wenn A injektiv ist.

Aufgabe 13:
Sei $f(x) = ||F(x)||^2$ mit $F : \mathbb{R}^n \to \mathbb{R}^m$ berechne grad f(x).

Aufgabe 14:
Für das klassische Gradientenverfahren, d.h. $s_k = -g_k = -gradf(x_k)$ in jedem Iterationspunkt x_k gilt: Die Suchrichtungen sind paarweise orthogonal, wenn eine exakte eindimensionale Minimierung vorliegt. Beweisen Sie diese Aussage!

Aufgabe 15:
Stellen Sie das vollständige Orthogonalisierungs-Verfahren von E.Schmidt dar und zeigen Sie, dass alle erzeugten Richtungen orthogolal sind!

Aufgabe 16:
Zeigen Sie, dass die WOLFE-Bedingung (W2) bei exakter eindimensionaler Minimierung automatisch erfüllt ist!

Aufgabe 17:
Berechne im Falle einer quatratischen Funktion $f(x) = \frac{1}{2}\vec{x}^T A\vec{x} + b^T + c$ das eindimensionale Minimum a_k von $minf(x_k + as_k)$!

Aufgabe 18:
Zeige mit Hilfe von Aufgabe 17 in diesem quadratischen Fall, dass alle Suchrichtungen s_k (nach Fletcher-Reeves) paarweise orthogonal sind.
Aufgabe 19:
Zeige, dass das klassische Gradientenverfahren die Aufgabe
$Min(\frac{1}{2}\vec{x}^T\vec{x} - b^T\vec{x})$
für beliebige Startwerte $x_0 \in \mathbb{R}^n$ in einem Schritt löst!

Aufgabe 20:
Was ist „trust region" und eine „trust region Methode" ?

Aufgabe 21:
Nennen Sie je zwei Vor- und Nachteile von Abstiegsmethoden und Newton-Methode!
Wie kann man die jeweiligen Nachteile „mildern" ?

Aufgabe 22:
Gegeben seien im $\mathbb{R}^3$ drei linear unabhängige Vektoren $a_1 = (1,2,3), a_2 = (1,0,3), a_3 = (0,1,1)$ Berechne nach der Orthogonalisierungsmethode von E.Schmidt daraus ein Orthogonalsystem!

Aufgabe 23:
In „Quasi-Newtonmethoden" versucht man ja bekanntlich, die Matrizen $(D^2f(x_k))^{-1}$, also $H(x_k)^{-1}$, durch geeignete, einfacher zu berechnende Matrizen M_k zu ersetzen: $s_k = -M_k g_k$
Man spricht von einem „Quasinewton-Verfahren", wenn für alle k die QUASINEWTON-Gleichung gilt:
$M_{k+1}(g_{k+1} - g_k) = x_{k+1} - x_k$
Zeigen Sie, dass für quadratische Funktionen $f(x) = \frac{1}{2}\vec{x}^T A\vec{x} + b^T\vec{x} + c$
A positiv definit und A^{-1} diese Quasinewtongleichung erfüllt!

Aufgabe 24:
Manche Quasinewton-Verfahren, wie z.B. das DFP-Verfahren, sind auch konjugierte Richtungsverfahren. Was ist der Vorteil davon?

Aufgabe 25:
Der Datenvektor $b^T = (4, 6, 7.5, 8.4, 9.1)$ soll durch die Ausgleichsfunktion
$a * ln(t + b)$ mit Parametern a,b, angenähert werden. Formulieren Sie dieses Parameter- Identifizierungsproblem in der l_2-Norm als Minimum-Norm-Probem einer Funktion F(z). Was ist dabei n, m, z, F(z)? Aufgabe 26:
Zeige, dass für $f(x) = max(f_j(x), j = 1...m)$ gilt:
$\delta f(x)$ ist Obermenge von $conv(grad f_k(x), f_k(x) = f(x))$
$\delta_\varepsilon f(x)$ ist Obermenge von $conv(grad f_k(x), f_k \geq f(x) - \varepsilon)$
Dabei meint „conv“ die konvexe Hülle.

Aufgabe 27:
Sei $f(x) = max(f_k(x), k = 1, 2, ..., m)$ und n die Anzahl der Variablen
Schildern Sie mit eigenen Worten, warum es einen wesentlichen Unterschied macht, ob für $r \geq m$, die Anzahl der an der Minimumstelle beteiligten Funktionen gilt:

(i) $r \leq n$ („singular“ problem) oder

(ii) $r \geq n + 1$ („regular“ problem - und „Haar condition“, d.h., dass alle beteiligten Gradienten linear unabhängig sein müssen.)

a.) Skizzieren Sie für n=2 und jeweils r=2 bzw. r=3 (oder r=4) die Situation und argumentieren Sie qualitativ.

b.) Überlegen Sie eine Idee eines Algorithmus für die Situation (ii).

Aufgabe 28:
Gegeben ist $f(x_1,x_2) = max(1 \leq j \leq 3) \quad f_j(x_1,x_2)$ also n=2, und m=3, mit:

$$f_1(x_1,x_2) = x_1^4 + x_2^2$$
$$f_2(x_1,x_2) = (2-x_1)^2 + (2-x_2)^2$$
$$f_3(x_1,x_2) = 2exp(-x_1 + x_2)$$

Berechne $\delta f(x_1,x_2)$ in den jeweiligen Punkten:
$(x_1,x_2) : (1;-0.1), (2;0), (2;2), (1;0), (1;1)$.
Zeige, dass der Punkt (1;1) ein Minimum von f ist!

Aufgabe 29:
Erklären Sie - analog zur „Newton-Idee" beim Minmax-Probem - einen entsprechenden Algorithmus für das MINISUM-Probem, also für:

$$min(x \in \mathbb{R}^n) \quad \sum_{k=1}^{m} |f_k(x)|$$

Aufgabe 30:
Berechne mit der Lagrang'schen Multiplikatoren-Methode die minimale Oberfläche einer quaderförmigen Schachtel mit gegebenem Volumen V=xyz=c.

Aufgabe 31:
Wir hatten zwei Penalty-Funktionen kennen gelernt.

a.) Welcher Nachteil gilt für beide Methoden gemeinsam?

b.) Welche Nach- und Vorteile hat jede der beiden Methoden?

Aufgabe 32:
In Quasi-Newton-Verfahren löst man in jedem Schritt ein lineares Gleichungssystem mit der Matrix $A_{(k)}$. Anstatt nun eine „update-Formel" für

$A_{(k)}$ zu benutzen und das Gleichungssystem zu lösen, kann man natürlich auch versuchen, direkt eine „update-Formel" für die Inverse von $A_{(k)}$ herzuleiten.
Sei A aus $\mathbb{R}_{nxn}$ regulär und u, v aus $\mathbb{R}^n$ Zeige (mit s:=1 + $v^T A^{-1} u$)
Für s ungleich 0 gilt die folgende „update-Formel" für die Inverse, die sog. Sherman-Morrison-Woodbury-Formel:
$(A + uv^T)^{-1} = A^{-1} - s^{-1} A^{-1} uv^T A^{-1}$

Literaturhinweise:

1.) Technische Universität Dresden, Fakultät Maschinenwesen: Vorlesungsskript „Nichtlineare Optimierung“

2.) www.math.tu-freiberg.de/~lohse

3.) R. Hornung, Computing 28, 139-154 (1982)